写给中国儿童的百科全书

中国儿童
生活百科全书

刘鹤 著

U0393861

山东科学技术出版社

·济南·

为什么零食不能当饭吃？

很多小朋友都喜欢吃零食，但是零食并不能取代我们正常的一日三餐。零食中不仅缺乏人体生长发育所需的营养物质，还添加了防腐剂等有害物质。如果把零食当饭吃，则不利于我们正常的身体发育。

为什么幼儿不宜吃果冻？

因为幼儿身体的自我保护机制还不健全，在进食果冻时，果冻有可能会进入气管或支气管，形成气管异物，可能导致窒息。

为什么要少吃烧烤类食物？

烧烤类食物经过烟熏火烤，会产生致癌物质，所以我们要尽量少吃。

为什么吃多了零食就不想吃饭？

如果零食吃得太多，会加重肠胃负担，吃饭的时候就没有食欲，影响正常吃饭。

防腐剂

人体所需要的营养物质主要通过一日三餐获得，零食只能是一种补充。

糖吃多了为什么会蛀牙？

甜甜的糖咀嚼后会产生一种酸性物质，口腔唾液会中和一定的酸性物质，如果吃糖过多，一些酸性物质则无法及时中和，所以糖吃多了会腐蚀我们的牙齿。

如果我们要吃零食，最好安排在上午9:00—10:00和下午3:00—4:00进食。

哪些食物属于有营养的食物？

牛奶、酸奶、水果、坚果等都属于有营养的食物。

牛奶

为什么吃饭要细嚼慢咽？

吃饭时细嚼慢咽，可以让食物变得更加细软，更方便身体吸收。同时，细嚼慢咽还能帮助唾液中的淀粉酶分解食物，将食物中的淀粉转化为麦芽糖，减轻肠胃的负担。

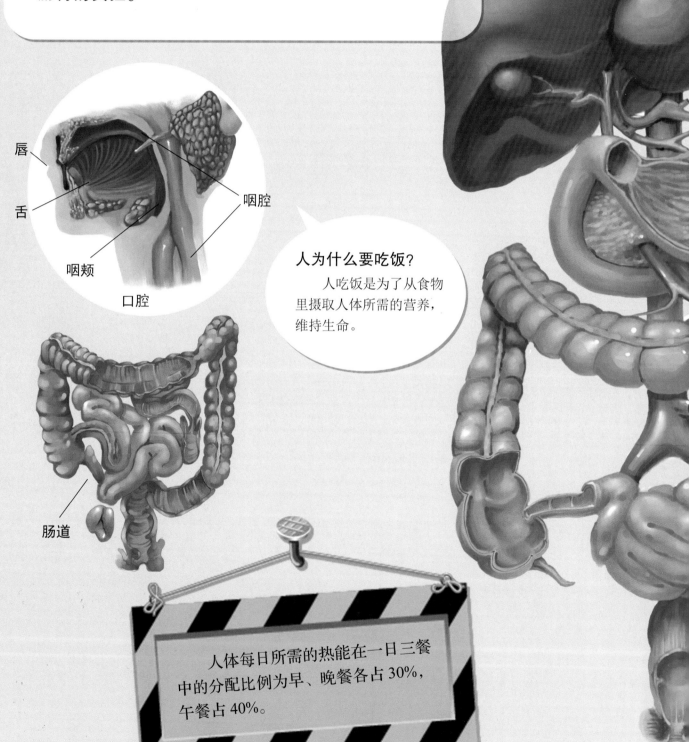

肝

唇

舌

咽腔

咽颊

口腔

人为什么要吃饭？
　　人吃饭是为了从食物里摄取人体所需的营养，维持生命。

肠道

　　人体每日所需的热能在一日三餐中的分配比例为早、晚餐各占 30%，午餐占 40%。

为什么在吃饭时不能说笑？

因为人的咽喉处有一块软骨，吃饭时说笑，软骨打开，食物很容易进入气管里。

在日常生活中，我们需要七大类营养物质：蛋白质、脂肪、碳水化合物、维生素、矿物质、水和纤维素。

为什么在吃饭的时候不要看电视？

因为吃饭时看电视会影响食欲，造成身体消化不良。

胃

肠

为什么吃饭不能挑食？

因为吃饭挑食会引起营养不良，影响身体的正常发育。

• 为什么每天不宜吃太多鸡蛋？ •

鸡蛋里含有蛋白质、脂肪、胆固醇等成分，营养非常丰富。但是如果我们每天吃太多的鸡蛋，会使身体的胆固醇含量过高，长年累月可能会引起心脑血管疾病的发生。

为什么刚从开水里取出的熟鸡蛋拿着不烫手？
　　因为刚从开水里取出来的鸡蛋表面还沾着水，水分蒸发会使蛋壳表面温度降低，因而拿着不烫手。

为什么不宜吃开水冲生鸡蛋？
　　因为开水不能把生鸡蛋里面的病菌完全消灭，所以要把鸡蛋煮熟了再吃。

一个普通鸡蛋重约50克，其中蛋白质含量约7克。

鸡蛋中的蛋白质是天然食品中最优质的蛋白质之一。

为什么最好不要吃生鸡蛋？

因为生鸡蛋里含有寄生虫和病菌，所以最好不要生吃。

为什么把鸡蛋直接放在热水里煮会使蛋壳开裂？

因为把鸡蛋直接放在热水里煮，鸡蛋壳会因受热膨胀而裂开。

为什么有的养花人会把鸡蛋壳放在花盆里？

因为鸡蛋壳里的薄膜含有蛋白质，可以分解成花草所需要的氮肥。

● 为什么经常吃油炸食品不利于身体健康？ ●

油炸鸡腿等食物又香又好吃。但是，这类油炸食品在高温油炸的过程中，许多营养成分都被破坏了，同时还产生了一些对人体有害的物质。大量长期食用油炸食品可能患上胃癌、肠癌等疾病。

生活中我们见到的油炸食品为什么是五颜六色的？

因为油炸食品中添加了人工色素，所以是五颜六色的。

为什么油炸食品吃后不容易饿？

因为油炸食品里的油脂具有较高的热能，而且油脂消化所需的时间也很长，所以吃后不容易饿。

常见的油炸食品有哪些？

有炸麻花、炸春卷、炸丸子、炸油条、炸油饼、炸面窝、炸薯条、炸薯片、炸饼干等。

油炸食品热量高的原因是什么？

由于油脂在身体中代谢产生的能量较高，1克的油脂能产生约9千卡的热量。食用油炸食品就意味着食入大量的油脂，从而产生较高的热量。

常见的健康食品：蔬菜、水果、肉类等，它们为我们提供了人体所需的营养物质。

吃一只炸鸡腿摄入的热量是300千卡～400千卡，而在跑步机上以8千米/时的速度跑近40分钟，消耗了约240千卡的热量。

为什么要多吃水果和蔬菜？

许多小朋友都不喜欢吃水果和蔬菜。但你们知道吗？新鲜的水果和蔬菜里含有丰富的维生素 C，可以给身体补充营养，还能帮助我们增强抵抗力。所以，小朋友不要挑食，要多吃新鲜的果蔬。

有些水果和蔬菜买回来后为什么要用稀碱水浸泡清洗？

一些新鲜水果和蔬菜上面可能残留了农药，在稀碱水中浸泡几分钟，再用清水洗两遍，可以清除水果和蔬菜上残留的农药。

为什么水果要洗干净才能吃？

因为水果在生长和销售过程中，会沾上尘土，表皮还可能有残留的农药，所以要洗干净才可以吃。

水果含有丰富的果糖，热量远远超过蔬菜。因此吃同样重量的水果和蔬菜，水果更容易使人发胖。

为什么新鲜蔬菜不能存放太久？

蔬菜存放太久后，里面含有的硝酸盐在酶和细菌的作用下，会被还原成亚硝酸盐，这是一种有毒物质。它在人体内与蛋白质类物质结合，可生成致癌性物质，危害人体健康。

常见水果的维生素 C 含量（每100 克）：猕猴桃约 60 毫克，草莓约 47 毫克，橙子约 33 毫克，香蕉约 8 毫克，葡萄约 25 毫克。

为什么饭后不宜立即吃水果？

因为饭后立即吃水果，水果中的果糖会在胃里发酵，容易引起腹胀腹泻。

鱼刺卡在喉咙里怎么办?

吃鱼的时候，一不小心鱼刺卡在喉咙里，吐不出，也咽不下，这该怎么办呢？如果是小鱼刺，卡得也不深，可以用长镊子夹出。如果鱼刺很大，卡得也很深，那就要及时去医院，请专业医生进行治疗。

喝醋、大口吃饭等"土方法"能"对付"卡在喉咙里的鱼刺吗？

不能。喝醋并不能软化喉咙里的鱼刺，大口吃米饭只对卡的位置较浅的鱼刺有作用，所以，不要轻易尝试这些"土方法"。

吃鱼为什么能降低胆固醇？

因为鱼的身体里含有鱼油，而鱼油在人体内能阻止胆固醇的合成，所以要经常吃鱼。

为什么不宜生吃鱼虾蟹？

因为生的鱼虾蟹体内含有寄生虫和各种细菌，人吃了以后容易生病。

鱼体内含有丰富的DHA，不仅能帮助维持人视网膜的正常功能，而且有利于人智力系统的发育。

鱼肉为什么鲜美可口？

因为鱼肉里含有多种氨基酸和丰富的蛋白质，所以很好吃。

鱼为什么闻起来有腥味？

因为鱼的皮肤里含有一种黏液腺，能分泌出一种有腥味的东西。

每 500 克鱼肉中蛋白质的含量，相当于 600 克鸡蛋或 850 克猪肉中蛋白质的含量。

为什么放在冰箱里的食物不容易变质？

把食物买回家后，很多都会放进冰箱里保鲜。这是因为，冰箱特制的低温环境，可以控制细菌的繁殖，能有效地延长食物的保鲜期，这样，冰箱里的食物就不容易变质了。

哪些食物不宜放入冰箱？

有些食物不用放入冰箱，如饼干、蜂蜜、果脯等；有些食物保存温度不宜太低，如果放入冰箱，反而会让其提前变质，如杧果、香蕉等热带水果。

为什么放在冰箱里的饭菜要加热后再食用？

冰箱里的低温环境并不能杀死细菌，在冰箱里贮存的饭菜如果不加热就吃，容易生病。

冰箱里放置哪些东西可以防止食物串味？

冰箱是我们生活中不可缺少的家用电器，如果冰箱里食物放得太多、太杂，容易串味。我们可以在冰箱里放一些柚子皮、茶叶、活性炭、柠檬片等。

一般冰箱都有温控器，上面标有数字。夏季调至2～3，春秋季调至3～4，冬季调至4～5。当室温低于10℃时，温控器应调到"6"的位置，"7"指不停机状态。

为什么不能将热的食物直接放入冰箱里？

将热的食物直接放进冰箱会使冰箱内的温度上升，影响冰箱的制冷效果，导致冰箱内部温度更适合细菌的滋生、繁殖，从而使食物变质。

鲜牛奶在常温下放置1天就会变质，记得放进冰箱哟！

为什么发烧时要多喝水？

当我们生病时，体内会产生大量的病毒和毒素。多喝水，可以通过排尿排出这些物质。尤其是发烧时，体内大量的水分会被蒸发掉，需要通过多喝水给身体补充水分。

为什么不能喝生水？

因为生水未经加热消毒，里面有细菌，喝生水会把水里的细菌喝进肚子里，容易导致腹泻。

为什么饭前饭后不宜喝水？

因为饭前饭后喝水会冲淡胃分泌的消化液，容易导致消化不良。

为什么有些运动员在比赛后要喝淡盐水？

某些运动项目，运动员体力消耗大，比赛时会大量出汗，不仅机体缺水而且也丢失了电解质，应及时补充水分和盐类，避免出现低钠血症，所以我们经常看到有些运动员在比赛后喝淡盐水。

人为什么要喝水？

因为人体的各个器官都需要水，如果长期不喝水，会产生生命危险。

在 100℃的开水中，一般的细菌在高温下很快会被杀死。在 58～60℃的热水中，痢疾杆菌10分钟就会被消灭。

反复加热的水为什么不宜长期饮用？

因为反复加热的水容易产生一些有害物质，长期饮用，里面的有害物质会危害身体健康。

人体的各个部分都有水，就连骨头里也含有约22%的水。

为什么空腹不宜喝牛奶？

牛奶中含有大量的蛋白质，如果空腹喝牛奶，蛋白质会被转化为能量被人体消耗掉并不能被人体吸收，甚至有些人空腹喝牛奶还会出现腹痛、腹泻等症状。所以，喝牛奶时最好搭配食用面包、饼干等食物。

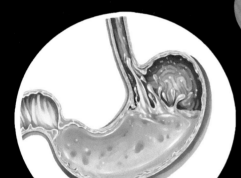

睡前喝牛奶有什么好处？

睡觉前喝一杯牛奶，可以补充营养，促进睡眠。

牛奶可以当水喝吗？

不能。牛奶虽然含有大量水分，但属于高渗性饮料，饮入过多，特别在出汗、失水过多时，容易导致脱水，所以牛奶不能当水喝。

适量饮用牛奶会使人发胖吗？

不会。牛奶中的脂肪含量只有3%左右，适量饮用不会使人发胖。

牛奶的主要成分有水、脂肪、蛋白质、乳糖、无机盐等，营养丰富，是人体补充钙元素的最佳来源。

牛奶煮热后营养会损失吗？

牛奶煮的时间越长，营养损失越大。

为什么煮沸的牛奶会不断起泡？

因为牛奶在沸腾时保留了大量的空气，会产生许多的泡沫，所以煮沸的牛奶会不断起泡。这些泡沫不容易破，容易使牛奶溢出。

1杯牛奶（200毫升）含有108千卡的热量。

为什么不能用茶水服药？

有些人用茶水服药，这种做法是错误的。茶叶里含有一种叫鞣酸的物质，和某些药物结合起来，会形成沉淀，影响肠胃对药物的吸收。

喝茶有哪些益处？
茶叶里含有蛋白质、维生素 C、胡萝卜素、咖啡因等营养物质，能够调节生理机能，具有保健和药理作用。

为什么喝茶能提神？
茶叶中含有咖啡因，具有提神的功效。

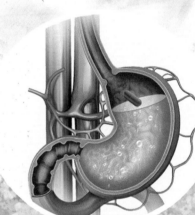

除了茶树的叶子，还有哪些植物的叶子也能泡茶喝？
像柿子、黑枣、山楂、甜叶菊等植物的叶片，都可以用来泡茶。

为什么睡觉前不宜喝浓茶？

睡觉前喝浓茶，茶叶里的咖啡因会使人兴奋，让人难以入眠。

中国积累了大量关于茶叶种植、生产的经验，并形成了深厚、独特的茶文化。

为什么茶叶带有苦味？

因为茶叶中含有大量的酯型儿茶素，儿茶素是形成茶叶苦涩的主要成分。

据植物学家推测，茶树起源于6000万～7000万年前。茶被人类发现和利用已有四五千年的历史。

●为什么碳酸饮料不能多喝?●

饮料几乎成了我们生活中的必需品,但是最好不要多喝。碳酸饮料中所含的磷酸会导致骨质疏松,影响钙的吸收。再加上有害的合成色素,会对我们年幼的身体造成伤害。

可以用饮料代替水吗?

不能。因为饮料中含有色素、香精、防腐剂等有害物质,如果用饮料代替水,大量饮用会增加肝脏的负担。

为什么喝饮料越喝越渴?

因为饮料中含有大量的糖分,人体喝下后,为了排出过多的糖分就需要从身体的细胞中抽取出水分来形成尿液,这样就会导致越喝越渴。

碳酸饮料是将二氧化碳气体和各种不同的香料、水分、糖浆、色素等混合在一起而形成的气泡式饮料。可乐、汽水都属于碳酸饮料。

为什么摇晃后的碳酸饮料会冒泡泡？

因为碳酸饮料中溶解了大量二氧化碳气体，摇晃后，二氧化碳会以泡泡的形式跑出来。

为什么饮料瓶一般都不装满？

如果饮料瓶装得满满的，遇到高温，瓶内的压强增大，就会冲破瓶盖或胀破瓶子。

为什么人喝完汽水后会打嗝？

汽水进入我们的身体后，大量的二氧化碳会以气体的形式溢出，人们一般会通过打嗝排出这些气体。

碳酸饮料一般含有10%左右的糖分，经常喝很容易使人发胖。

• 为什么豆浆要煮开了才能喝? •

很多人都喜欢早晨喝上一杯豆浆。但你知道吗？生豆浆中含有多种抗营养素物质，直接饮用会出现恶心、呕吐、腹泻等症状。当豆浆被煮熟以后，这些抗营养素物质就会被破坏掉，所以豆浆要煮开了才能喝。

豆浆里含有哪些营养物质?

豆浆中含有大量的铁、钙等矿物质，以及丰富的植物蛋白和维生素，很有营养。

为什么豆浆里不宜加入红糖?

因为红糖里的有机酸和豆浆中的蛋白质结合，会破坏豆浆的营养成分。

为什么豆浆不宜装在保温瓶里?

豆浆中有能除掉保温瓶内水垢的物质。在温度适宜的条件下，以豆浆作为养料，保温瓶内的细菌大量繁殖，会使豆浆变质。

最早的豆浆为西汉淮南王刘安制作，至今已有近 2000 年的历史了。

为什么一次不能喝太多豆浆？
　　一次喝豆浆过多容易引起蛋白质消化不良，可能导致身体出现腹胀、腹泻等症状。

　　黑豆浆中蛋白质含量高达 40%，相当于肉类中蛋白质含量的 2 倍、鸡蛋的 3 倍、牛奶的 12 倍。

为什么饭后不宜剧烈运动？

吃完饭以后，肠胃里满满的都是食物，如果马上进行剧烈运动，会造成胃肠道供血不足，影响食物的消化和吸收，并可能引起胃痛、胃下垂等问题。

运动后为什么食欲会变好？

运动有助于肠胃更好地消化食物，所以运动后食欲会变好。

运动前为什么要先热身？

运动前的身体处于半休眠状态，不热身就运动容易使身体受伤。

家务劳动可以替代体育运动吗？

不能。因为家务劳动以局部运动为主，运动量不够，不能代替体育运动。

为什么雾天不宜做运动？

　　雾其实是飘浮在低空中的小水珠，里面溶解了很多有害物质。在雾中做运动，可能会吸入一些有害物质，使身体受到不良影响。

剧烈运动后必须做一些放松动作，不能马上坐着休息。

运动为什么能让人更快乐？

　　因为运动能够使人精神放松，能转移对挫折的注意力，让郁闷的情绪在运动中得到发泄。所以，经常运动，心情会变得轻松愉悦。

中国早在公元前 2000 年左右便已开始进行体育运动。

为什么适当晒太阳对身体有益处？

晒太阳可以促进皮肤中的维生素 D 变成活性维生素 D，可以促进钙的吸收，减少骨质疏松的发生。

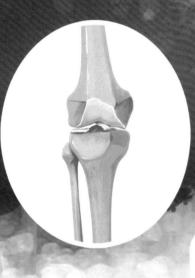

什么时间最适合晒太阳？

冬季上午 10 时前、下午 3 时后是晒太阳的黄金时段，春、秋季都比较适宜，但夏季不适合长时间在阳光下暴晒。

为什么生活在高原地区的人会有"高原红"？

高原地区紫外线特别强烈，长时间受到阳光照射，面部皮肤角质层会受损伤，毛细血管扩张显露，在脸上会出现片状或团状红血丝，因而人的脸上会形成"高原红"。

晒太阳能预防近视吗？

可以。每天晒 2～3 小时太阳，有助于儿童眼睛功能发育，能在较大程度上减少儿童患近视的风险。

阳光中的紫外线有很强的杀菌能力，结核杆菌在阴暗潮湿的环境中能生存几个月，但在阳光的照射下只能存活几小时。

维生素D在动物性食物中含量较为丰富，比如海鱼、动物肝脏、蛋黄等，而在谷物、蔬菜和水果中含量较少。

为什么不能长时间在阳光下暴晒？

长时间在阳光下暴晒，会损害皮肤组织，所以要注意防晒。

为什么要勤洗手?

　　我们每天都会用手接触很多物品,因此,手上很容易沾染上大量的细菌。如果不及时用香皂或者洗手液清洗双手,手上的细菌就会通过眼睛、鼻子、嘴等部位进入我们体内,使身体感染上一些疾病。

洗手时洗手液要挤很多吗?
　　洗手时,洗手液只需要挤出一滴就可以了。挤过多的洗手液既造成浪费又可能损伤皮肤组织。

为什么饭前便后要洗手?
　　饭前洗手是为了避免手上的细菌在吃饭时进入体内,便后洗手是为了避免手上粘上细菌。

一般情况下,一双未洗的手上可能带有80万个细菌!

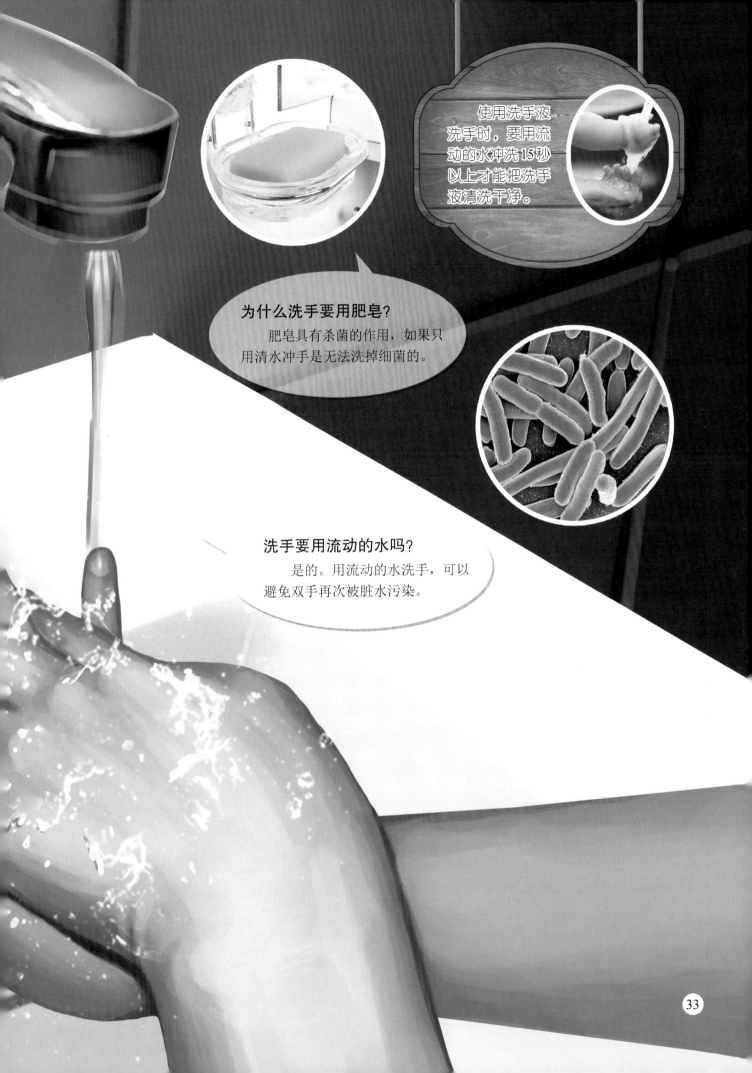

使用洗手液洗手时，要用流动的水冲洗15秒以上才能把洗手液清洗干净。

为什么洗手要用肥皂？

肥皂具有杀菌的作用，如果只用清水冲手是无法洗掉细菌的。

洗手要用流动的水吗？

是的。用流动的水洗手，可以避免双手再次被脏水污染。

为什么眼睛会近视？

　　有些人因为父母是近视眼，受到遗传因素的影响，也跟着近视；还有些人因为看书、写字时姿势不正确，眼睛离书本太近，长时间使眼睛处于紧张的状态，眼球内的晶状体凸起，导致近视。

为什么不能趴着看书？
　　趴着看书与躺着看书一样，也会造成眼睛疲劳或近视。

为什么不宜躺着看书？
　　躺着看书，书和眼睛之间的距离一会儿近一会儿远，容易引起眼睛疲劳。

　　一般人的正常阅读速度是200～400字/分钟，但受过快速阅读训练的人阅读速度可以达到约600字/分钟。

为什么看书时要坐姿端正？

看书时坐姿如果不端正，脖子一直保持向前弯曲的姿势，眼球会处在充血状态，眼压会增高，眼球隆起，容易造成近视，所以看书时坐姿要端正。

1995年，联合国教科文组织宣布每年的4月23日为"世界读书日"，全称为"世界图书与版权日"。

在强光下看书为什么不好？

在阳光、强烈灯光等强光下看书，眼睛会受到光线的刺激，受到伤害。

为什么一边吃饭一边看书不好？

一边吃饭一边看书会使集中在肠胃的血液减少，影响食物的消化。

为什么不能蒙头睡觉？

很多人喜欢蒙着头睡觉。但把头蒙在被子里，头部所处空间变小，影响呼吸。我们呼出的二氧化碳也会聚集在被子里无法散出，影响身体的新陈代谢。所以，要改掉蒙头睡觉的坏习惯。

为什么不能在风口处睡觉？

人睡觉时汗毛孔会张开，在风口睡觉皮肤受凉收缩，汗毛孔关闭，这样在一开一合中人很容易生病。

睡觉时最宜用什么样的姿势？

睡觉时应采用使人舒服的睡姿。人的心脏在左边，睡觉时宜向右侧躺，这样不会压着心脏。

睡眠问题主要包括三大类：一类是睡得太少，失眠；一类是睡得太多，嗜睡；另一类是睡眠中出现异常行动，也叫异常睡眠。

人为什么要睡觉？

睡觉可以让人的身体得到放松，同时可以补充体力，排出体内的二氧化碳等废物。

睡觉为什么要枕枕头？

睡觉时，如果头的位置比心脏低，血液就会大量流向大脑，引起不适，而枕头过高会损伤颈椎。所以，睡觉时可以枕上枕头，但要注意枕头的高度要适中。

为什么夏天要睡午觉？

夏天白天长夜晚短，晚上睡觉时间比较少，睡午觉可以补充睡眠。

人的一生中，大约三分之一的时间都在睡觉。

为什么小学生要背双肩书包？

上学选择书包的时候，我们最好选双肩背包。如果单肩背书包，会让书包的重量压在身体的一侧。这种不平衡的压力，会对骨骼发育造成影响，长此以往，会对背部、颈椎和脊椎造成损伤。而双肩书包能保持身体的平衡，有利于身体发育。

为什么不宜用拉杆书包？

拉杆书包只需要用一只手拉，每天上学放学都这样，时间长了会让脊柱向一边倾斜弯曲。

为什么书包上不宜有太多金属部件？

如果书包上有过多的金属部件，会增加书包的重量，也容易造成一些剐蹭。

《中小学生书包卫生要求》规定，学生背负的书包重量不超过学生体重的10%。

为什么书包上不要有太多的网眼？

书包上的网眼太多，容易被尖锐的物品勾住，带来不必要的危险。

书包有真皮、涤纶、帆布、棉麻等不同的材质。

为什么要选择宽肩带的双肩书包？

宽肩带的双肩书包能均匀地分散压力，减少对脊椎的伤害。

背双肩书包时，为什么背包带不宜过长？

过长的背包带会加重肩膀和腰、臀部的压力，对身体造成伤害。

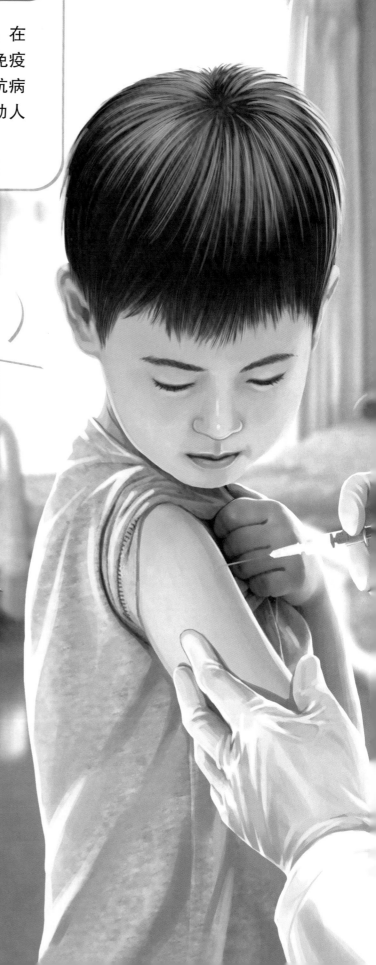

为什么生病了要打针？

我们的身体具有一定的免疫力。在生病的时候，身体可以通过自身的免疫力对抗病毒。但是，当身体无法抵抗病毒时，就需要通过打针的方式，帮助人体免疫系统打败病毒。

为什么抗生素用多了抵抗力会下降？

抗生素使用过多，会使细菌产生抗药性。细菌很难被杀死，人的抵抗力就会下降。

为什么每次打针前要更换针头？

更换针头可以避免病人间相互传染病菌。

抗生素是被谁发现的？

青霉素是最先被发现的抗生素。1928年，英国细菌学家弗莱明在培育细菌时，受到青霉菌的启发，发现了青霉素。

为什么打针能快速对抗病毒？
　　打针能让药物快速产生疗效，帮助击败病毒。

有的抗生素能够抑制寄生虫，有的能够抑制病菌，有的可以治疗心血管病，还有的可以用在器官移植手术中。

打针前为什么要先做皮试？
　　打针前先做皮试，是为了避免药物过敏的发生。

做皮试的时候，过敏的病人会在20分钟左右出现皮疹、瘙痒等症状。

• 冬天用冷水洗脸有什么好处？•

你试过冬天里用冷水洗脸吗？冬天用冷水洗脸可以刺激面部，使鼻腔内的血管收缩，提高呼吸道抵御疾病的能力，还可以预防感冒，锻炼我们坚强的意志。

为什么看完电视要洗脸？

电视机工作时荧屏周围会产生静电微粒，这些微粒会大量吸附空气中的浮尘，黏附在脸上，所以看完电视要及时洗脸。

睡前为什么要洗脸？

睡前洗脸可以减少各种污染物对脸部皮肤的损害，对促进脸部的血液循环很有益处。

用洗面奶或香皂洗脸时，它们在脸上停留的时间不要超过1分钟。

为什么每天的洗脸次数不能太多？

　　洗脸次数太多，会刺激皮肤，使皮肤变得十分干燥。

洗脸用的毛巾要选柔软厚实的，既能擦去脸上的脏东西，又能按摩皮肤。

为什么每天都要洗脸？

　　皮肤具有新陈代谢的功能，会通过毛孔排出脏东西和油脂，因而需要每天洗脸清洁皮肤，保持卫生。

为什么不能长期用热水洗脸？

　　经常使用水温过热的水洗脸会使皮肤脱脂，血管壁活力减弱，导致皮肤毛孔扩张，容易使皮肤变得松弛无力，并出现皱纹。

为什么不能长时间吹空调？

长时间吹空调，会对身体产生伤害。空调温度过低，会引发咳嗽、打喷嚏、流鼻涕等症状。严重的话，甚至还会引发肺炎。由于开空调要紧闭门窗，会导致空气不流通，长时间吹空调还会引起大脑神经失衡的反应，出现头晕目眩等症状。

空调温度为什么不能太低？

因为空调温度太低，会损坏空调的使用寿命，也容易使人感冒，并且不利于环保。

空调为什么能制热？

空调有两种制热方式，一种是电加热，另一种是利用制冷剂制热。电加热的原理是直接将电能转化为热能，一般用于柜机等功率较大的空调上。利用制冷剂制热时，压缩机会对制冷剂加压，使其成为高温高压的气体，再经过室内机的换热器进行冷凝液化，放出热量，提高室内空气的温度。然后，液态制冷剂经节流装置减压，进入室外机的换热器蒸发气化，吸取室外空气的热量，成为气体的制冷剂再次进入压缩机开始下一个循环。

什么是家庭中央空调？

家庭中央空调是以一台室外主机，解决不同室内空间空气调节功能需求的空调系统。

开空调时，冬天设定的温度最好不要高于25℃，夏天设定的温度最好不要低于26℃。

公元前 1000 年左右，波斯人发明了一种古式的空气调节系统：利用装置于屋顶的风杆，让外面的自然风穿过凉水并吹入室内，让室内的人感到凉爽。

空调水是从哪里来的？

空调制冷时，室内的空气温度降低，空气中的水蒸气冷凝成水。

空调为什么能吹出凉凉的风？

因为空调能带走制冷剂放出的热量，将变冷的空气送入室内，所以能吹出凉凉的风。

为什么乘坐飞机时要关闭手机？

乘坐飞机时，飞机上的广播会提示让乘客关闭手机。这是因为手机在使用时会产生一种干扰电磁波，影响飞机上的通信、导航、操纵系统，扰乱飞行系统的正常工作，有可能导致飞机故障。

青少年为什么要少用手机？

青少年长期玩手机不仅会影响视力，还可能一味沉迷手机，缺乏基本的社交，使性格变得孤僻、偏执。

人们平均每 6.5 分钟就会看一眼手机。

什么是手机辐射？

手机通过发送电磁波进行信息传递，这些电磁波就被称为手机辐射。

睡觉时应关闭手机吗?

睡觉时应尽量关闭手机,防止被打扰,影响人正常休息。有需要不能关闭时,应将手机调为静音模式。

1973 年,美国摩托罗拉工程师马丁·库帕发明了世界上第一部商业化手机。

手机在什么状态下辐射量最大?

手机在拨通电话前辐射量最大,此时手机应远离头部,等拨通后再放在耳朵旁。

为什么垃圾要分类？

我国每年会产生大量的垃圾，数量庞大的垃圾影响了城市的发展。推行垃圾分类，可使人均生活垃圾产生量减少，对人类的未来有非常大的益处。

生活垃圾分为几类？

生活垃圾一般可分为四大类：可回收垃圾、厨余垃圾、有害垃圾和其他垃圾。

有 害 垃 圾
Harmful Waste

厨 余 垃 圾
Kitchen Waste

一粒纽扣电池能污染60万升水。

什么是可回收垃圾？

可回收垃圾就是可再生循环垃圾。如纸类、玻璃、金属、塑料、人造合成材料包装等。

每回收 1 吨废纸可造纸850千克，节省木材300千克，比等量生产减少污染74%。

不同颜色垃圾桶分别装什么样的垃圾？

绿色——厨余垃圾

蓝色——可回收垃圾

灰色——其他垃圾

红色——有害垃圾

可回收垃圾
Recoverable Waste

其他垃圾
Other Waste

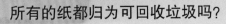

所有的纸都归为可回收垃圾吗？

不是。例如卫生纸、湿纸巾这类纸的水溶性极强，不算可回收的"纸张"。

如何去除衣服上的污渍？

我们的衣服常常会沾上各种污渍，有时用洗涤剂也洗不干净。这是因为不同的污渍有着不同的化学成分，洗涤剂虽然能去除大部分污渍，但有些特殊的污渍，需要用特殊的办法来处理。

有些衣服洗后为什么会变短？

因为有些衣服的布料是用纱线织的，机器在织布时会把纱线拉长。而用水洗衣服时，湿淋淋的纱线又会缩回去，所以衣服会缩短。

为什么衣服要勤换勤洗？

因为衣服上沾上了汗渍或污渍，如果不及时更换，时间长了就很难洗掉。勤换勤洗，才能保持个人卫生。

为什么洗衣粉能把大多数脏衣服洗干净？

因为大多数污渍的成分是蛋白质等有机物，而洗衣粉中的酶就是用来分解污渍的。

为什么洗衣机能洗干净衣服？

因为洗衣机通过衣物、水流、筒壁之间的相互摩擦，能够代替双手洗干净衣服。

新型的超声洗衣机，不用添加任何洗衣剂，根据超声波发生器发出的高频振荡信号，就能使衣物表面及缝隙中的污垢迅速剥落。

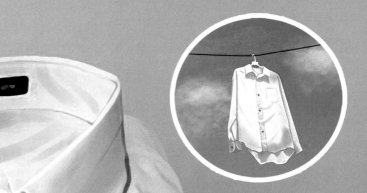

晾在院子里的衣服为什么干得快？

因为院子一般是露天的，衣服晾在院子里，太阳光和风能很快赶走衣服上的水分。

在用水量上，滚筒洗衣机为波轮洗衣机的 40%～ 50%。

● 油锅着火为什么不能用水去灭？ ●

油比水的密度小，如果油锅着火时将水泼到油上，水会沉到油下面，带着燃烧的油四处蔓延，加大空气与火的接触面，火势就会越来越大，无法灭火。正确的方法：一是盖上锅盖，阻止空气流入，使燃烧物得不到足够的氧气而熄灭；二是将切好的蔬菜及其他生冷食物倒入锅内，降低锅内温度，快速灭火。

为什么火越大烟越少？

燃烧物不完全燃烧时才会产生烟，充分燃烧后就没有烟了。

为什么水可以灭火？

物体需要氧气才能燃烧，水浇到火上氧气变成水蒸气，从而隔离了燃烧物与氧气，火就熄灭了。

不同物质的燃点不一样，白磷的燃点是40℃，木头的燃点是250～300℃。

火焰为什么总是往上升？

因为相同体积下，热空气比冷空气轻，所以火焰总是会不停地上升。

火焰分为焰心、内焰和外焰。外焰供氧充足，燃烧完全，温度最高。焰心温度最低。

为什么不能随便玩火？

火非常危险，玩火会烧着手指、衣服，甚至引发火灾，带来严重后果。

为什么发生火灾时要用湿布捂住口鼻？

发生火灾时，会产生大量的烟尘和有毒气体，如果吸入过多，会使人窒息。所以，发生火灾时，要用折成多层的湿布捂住口鼻，这样可以减少烟尘的吸入、避免呼吸道被灼伤，然后匍匐在地上尽快离开火场。

● 小虫子爬进耳朵怎么办? ●

如果有小虫子爬进了耳朵，身体会感觉很不舒服。我们可以用手拽住下耳垂，尽量拉直耳道，然后请旁边的人拿着手电筒照射耳道，耳朵里的小虫子看见光亮，就会朝着光亮飞出来。假如感觉耳朵非常不舒服，就要及时去医院治疗。

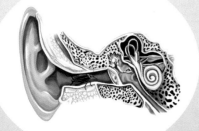

为什么苍蝇总往玻璃上撞?

因为苍蝇喜欢亮光，会把明亮的玻璃当作出口。

为什么有些昆虫不怕杀虫剂?

在经常喷药的环境中幸存下来的昆虫，它们的后代会具有抗药性，所以一般的杀虫剂对它们没有效果。

为什么说苍蝇是有害飞虫?

因为苍蝇能传播肠道炎、痢疾、伤寒、霍乱等多种疾病，所以说它是有害飞虫。

蚊子是怎样在黑暗中找到人的位置的?

蚊子可以在黑暗中根据人呼出的二氧化碳找到人的位置。

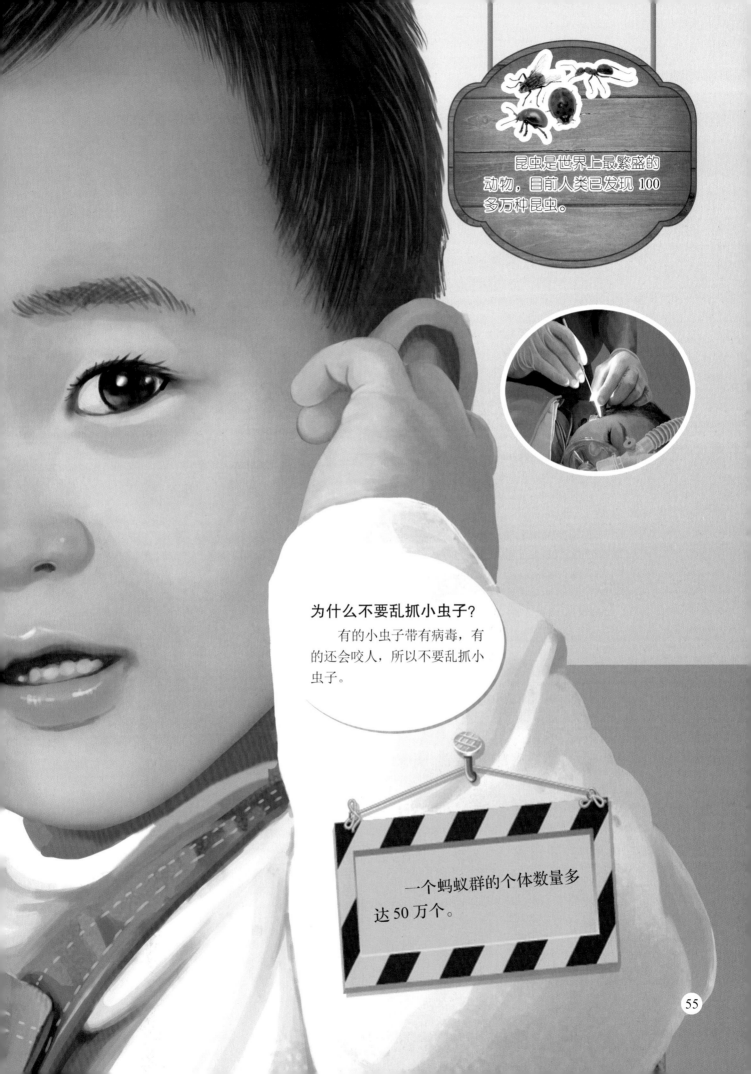

昆虫是世界上最繁盛的动物，目前人类已发现100多万种昆虫。

为什么不要乱抓小虫子？

有的小虫子带有病毒，有的还会咬人，所以不要乱抓小虫子。

一个蚂蚁群的个体数量多达50万个。

为什么乘车时要系安全带？

乘坐汽车时，我们一定要系好安全带。如果车辆在行驶过程中发生了碰撞或者急刹车，我们的身体受到惯性的影响，会向前扑，所以乘车时系好安全带，可以避免伤害。

乘车时为什么头和手不能伸出窗外？

因为头和手伸出窗外，有可能被来往的车辆剐蹭受伤。

汽车转弯时，为什么人会觉得身体向外甩？

车辆拐弯的速度越快，人往外甩的惯性离心力也就越大，所以会觉得身体向外甩。

1885 年，德国工程师卡尔·本茨制成了世界上第一辆现代汽车。

为什么不能在车上乱跑动？

在行驶的车辆上乱跑动，容易摔倒或碰伤。如果乘坐的是公共汽车，还会影响公共秩序。

所谓"智能车辆"，就是能够自动分析处理车辆行驶的安全或危险状况，进而替代人来驾驶的新型汽车。

为什么有人乘车时会晕车？
坐车时间久，神经调节功能会发生紊乱，容易导致晕车。

下雪天汽车为什么要慢点开？
下雪天路面上会结冰，汽车开快了车轮容易打滑，易发生危险。

为什么雷雨天不能在树下躲雨？

外出遇到雷雨天，千万不能在大树下躲雨。这是因为闪电经常顺着大树或高大的建筑物放电，而雨水又是能导电的物质，站在大树下避雨，非常容易被雷电击中。

快下雨时蜻蜓为什么会低飞？

快下雨时，空气很潮湿，蜻蜓的翅膀被水珠弄湿了，就飞得很低。

为什么我国夏季的雨量最多？

我国的夏季气温比其他季节都热，热空气比较轻，很容易造成上升运动，雨水自然就比较多。

为什么天空会下雨？

地球表面的水蒸发，在高空中形成云，云积累多了，就会变成雨滴落下来。

下雨前为什么会感到闷热？

因为下雨前，空气中的热气和潮气散发不出去，人会感到又闷又热。

世界上有许多有趣的雨，比如蛙雨、铁雨、金雨、钱雨等，它们都是龙卷风的杰作。

为什么雨后会有彩虹？

雨后空中飘浮的小水珠，把太阳光分解成七色光带，就形成了彩虹。

水汽在高空遇到冷空气凝聚成小水滴，小水滴的最大直径只有0.2毫米。

为什么不能直接用手去拉触电的人？

如果我们发现身边有人触电，一定不能直接用手去拉触电的人。这是因为人体是导电的，如果直接用手拉，自己也会触电。应该用干燥的木棍把电源线从触电的人身上挑开，切断电源，拨打 120 救人。

为什么小鸟站在电线上不会触电？

小鸟身体小，只接触了一根电线，身体上没有电流通过，未形成导电回路，所以不会触电。

什么是触电？

电流通过人体进入大地或其他导体，形成导电回路就叫触电。

为什么触电可能会致人死亡？

电流会破坏人的心脏、肺部、神经系统等，使人出现痉挛、窒息、心搏骤停等症状，甚至会导致死亡。

根据触电现场的环境和条件，采取最安全而又最迅速的办法切断电源或使触电者脱离电源。

为什么触摸电池不会让人触电？

因为只有很强的电流通过人体时才会让人触电。电池的电压很小，所以人不会有触电的感觉。

人体为什么能导电？

人体的体液里溶解着各类微量元素，具有导电性。

人体可承受的安全电压是36伏。

为什么宠物出门要系绳？

现在，很多家庭都饲养了猫、狗等宠物，每天都会带心爱的宠物出门溜达。在带宠物出门之前，要记得为它们佩戴项圈和牵引绳，这样可以保证宠物不会走丢或者被偷走，同时还能限制宠物因失控咬伤或者惊吓他人。

为什么有的人与宠物接触会皮肤过敏？

狗毛、猫毛等宠物的毛发，是引起一些人过敏的主要因素，例如患过敏性鼻炎的人和有哮喘病的人。

常见的动物类宠物有哪些？

有狗、猫、兔、宠物猪、刺猬、仓鼠、鹦鹉、鸽子、蜥蜴、乌龟、桑蚕等。

为什么要经常给宠物做清洁？

经常给宠物做清洁，不仅可以防止病原微生物和寄生虫对它们的侵袭，还可以保证饲养人的身体健康。

人为什么不能与宠物亲吻？
　　很多宠物都患有牙周炎，与宠物亲吻，人会感染口腔疾病。

即使宠物注射过狂犬病疫苗，咬人后也可能会使人患上狂犬病。因此，一旦被宠物咬伤要及时去医院就医。

为什么鹦鹉的粪便要及时处理掉？
　　鹦鹉的粪便中有使人致病的病毒，人体吸入后会出现发热、头痛、寒战及肌肉酸痛等症状。

仓鼠的平均寿命只有2～3年。

为什么过马路要走斑马线？

在城市的各个路口处，都有一道一道的白色斑马线。我们过马路的时候，要从斑马线上通过。这是因为斑马线可以区分人和车的路线，帮助人们更安全、更快速地通过马路，同时也可减少许多交通事故的发生。

为什么地铁站要设置安全线？

高速行驶的地铁会带动强大的气流，如果人离得太近，身体有可能会受到气流的冲击，所以在候车时应站在安全线外，确保安全。

为什么要设置交通信号灯？

交通信号灯的设置能使交通得以有效管制，对于疏导交通秩序、提高道路通行能力、减少交通事故有明显效果。

斑马线的名字是怎么来的？

路面上的一条条白色长线，很像斑马身上的条纹，所以叫斑马线。

行人违反道路通行规定会有哪些处罚？

对于情节轻微，未影响道路通行的给予口头警告；影响道路通行的要处以罚款。

美国是世界上最早开始实施车辆正面碰撞法规的国家。

小学生在过马路时应注意哪些事项？

为了交通安全，小学生在过马路时不能追逐猛跑、嬉戏打闹、游戏，不要边走路边看书等。

未满 12 岁的儿童不准在道路上骑自行车。

常用的报警电话有哪些?

在日常生活中,我们难免会遇到一些突发情况,需要拨打报警电话进行求助。最常用的报警电话是 110,遇到坏人或有危险时可以拨打。119 是发生火灾时的报警电话。120 是遇到意外受伤情况时的急救电话。大家千万别忘记!

如果遇到危险不方便打电话,该怎么报警?
可以编辑短信发送到 12110 报警,这是中国公安机关统一的公益性短信报警号码。

在海边游玩发生事故,应该拨打什么号码求救?
拨打 12395,这是全国统一水上遇险求救电话。

发现森林火灾,需要拨打什么报警电话?
请及时拨打森林防火报警电话 12119。

拨打"110""119""122"免收电话费。

需要查询最新气象信息应拨打什么电话?
12121 是天气预报气象服务电话。

在欠费状态或者待机状态下，固定电话、手机等通信工具可以呼叫所有紧急救助电话。

紧急呼叫

紧急联络

发生交通事故时应该拨打什么电话？

当发现交通事故，或有人肇事逃逸的时候，记得拨打 122。

图书在版编目（CIP）数据

中国儿童生活百科全书 / 刘鹤著 . -- 济南 : 山东
科学技术出版社 , 2023.3
（写给中国儿童的百科全书）
ISBN 978-7-5723-1584-8

Ⅰ . ①中… Ⅱ . ①刘… Ⅲ . ①生活—知识—儿童读物
Ⅳ . ① TS976.3-49

中国国家版本馆 CIP 数据核字 (2023) 第 037743 号

中国儿童生活百科全书
ZHONGGUO ERTONG SHENGHUO BAIKE QUANSHU

责任编辑：张洋洋
装帧设计：武汉艺唐广告有限公司

主管单位：山东出版传媒股份有限公司
出 版 者：山东科学技术出版社
　　　　　地址：济南市市中区舜耕路 517 号
　　　　　邮编：250003　电话：（0531）82098088
　　　　　网址：www.lkj.com.cn
　　　　　电子邮件：sdkj@sdcbcm.com
发 行 者：山东科学技术出版社
　　　　　地址：济南市市中区舜耕路 517 号
　　　　　邮编：250003　电话：（0531）82098067
印 刷 者：武汉鑫佳捷印务有限公司
　　　　　地址：武汉市黄陂区横店街临空北路江恒工业园 2 栋
　　　　　邮编：430000　电话：（027）87531181

规格：16 开（210 mm×285 mm）
印张：4.5　字数：45 千　印数：1~10000
版次：2023 年 3 月第 1 版　印次：2023 年 3 月第 1 次印刷
定价：89.00 元